FORSCHUNGSBERICHTE DES LANDES NORDRHEIN-WESTFALEN

Nr. 2508

Herausgegeben im Auftrage des Ministerpräsidenten Heinz Kühn
vom Minister für Wissenschaft und Forschung Johannes Rau

Dipl.-Ing. Oskar Becker

Institut für textile Meßtechnik M. Gladbach e. V.
Mönchengladbach

Kompressionskräfte, die in
Spulenhülsen Druckspannungen erzeugen,
und ihre zeitliche Änderung

Springer Fachmedien Wiesbaden GmbH 1975

© 1975 by Springer Fachmedien Wiesbaden
Ursprünglich erschienen bei Westdeutscher Verlag GmbH, Opladen 1975
Gesamtherstellung: Westdeutscher Verlag

ISBN 978-3-531-02508-7 ISBN 978-3-663-20496-1 (eBook)
DOI 10.1007/978-3-663-20496-1

Inhalt

Vorwort 5

1. Kräfte im Spulenkörper 5

2. Festigkeit der Spulenhülse 6

3. Berechnung der Hülsenbelastung 9

4. Messung der Hülsenbelastung 10
   4.1 Meßprinzip 10
   4.2 Meßgeräte 12
   4.3 Eichung 14
   4.4 Bespulung der Meßhülsen 14
   4.5 Ablauf der Messungen 15
   4.6 Auswertung 15
   4.7 Garne 17

5. Ergebnisse bei Polyester 17

6. Ergebnisse bei Polyamid 6 18

7. Ergebnisse bei Wolle 19

8. Vergleich der Ergebnisse 20

9. Zusammenfassung 22

Literaturverzeichnis 23

Abbildungen 24

Vorwort

Der vorliegende Bericht wurde auf Grund von Untersuchungen erstellt, welche der Herr Ministerpräsident des Landes Nordrhein-Westfalen durch finanzielle Förderung ermöglichte. Der Dank des Institutes für textile Meßtechnik M.Gladbach e.V. und des Verfassers gilt der zuschussgebenden Stelle in erster Linie, weiter aber auch allen Mitarbeitern, die am Aufbau der Einrichtungen, an den umfangreichen Meßreihen, den Rechenarbeiten im Zuge der Auswertung und der Ausgestaltung des Schlußberichtes beteiligt waren.

1. Kräfte im Spulenkörper

Um Garne in zweckmäßiger Weise lagern und transportieren zu können werden Spulen aufgewunden. Sie setzen sich in der Regel zusammen aus einem Kern, aus verschiedensten Werkstoffen - Pappe, Holz, Kunststoff, Metall u.a. - hergestellt und Hülse genannt, sowie aus dem darauf gebrachten Garn, das in vielen Lagen, auf eine gewisse Länge der Hülse verteilt, auf diese gespult wird. So entsteht auf der Hülse der Spulenkörper.

Um eine ausreichende Festigkeit des Spulenkörpers zu erreichen und ihm gleichzeitig seine äußere Form zu geben - soweit diese nicht durch mechanische Bauteile des Garnträgers bestimmt wird - ist es erforderlich, während des Aufspulens im zulaufenden Faden gewisse Zugkräfte einzustellen und aufrecht zu erhalten. Diese Kräfte bleiben im Faden auch dann noch erhalten, wenn er die Form des Spulenkörpers auf der Hülse angenommen hat. Sie gehorchen während der Lagerzeit der Spule den für das Kraft-Zeit-Verhalten der verschiedenen Textilmaterialien gültigen Gesetze. Die Wirkungsrichtung solcher Kräfte liegt axial im Garn, bzw., bei Beobachtung kleinster Garnlängen, tangential am Windebogen. Außerdem sind sie, abhängig vom Aufwindeverfahren und von der Windungssteigung, mehr oder weniger stark gegen die Senkrechte auf der Spulenachse geneigt.

Aus der Gesamtheit der im Garnkörper wirkenden Kräfte resultieren Kraftkomponenten in Richtung der Spulenachse und von allen Seiten senkrecht auf die Spulenoberfläche wirkende Radialkräfte. Die Axialkräfte im Spulenkörper dienen vornehmlich der Formstabilität der Spule, sie sind vom Kreuzungsverhältnis der Fadenverlegung abhängig, werden nur in geringem Maße in der Spulenhülse wirksam und sollen im weiteren Verlauf der vorliegenden Arbeit nicht behandelt werden.

Die radial gerichteten Kräfte können beträchtliche Werte annehmen. Sie drücken als Kompressionskräfte auf die Hülse und erzeugen dort eine tangential gerichtete Druckspannung, welche im ungünstigsten Falle so hohe Werte annehmen kann, daß sie zu einer Deformation der Hülse führt (Abbildung 1). Da sich die Zugkräfte in den einzelnen Fäden infolge des viscoelastischen Verhaltens der Textilien im Laufe der Zeit ändern, ändern sich auch die auf die Hülse wirkenden Kompressionskräfte und damit der Spannungszustand im Hülsenwerkstoff. Die Belastungen können dabei sowohl kleiner werden als auch steigen. In jedem Falle muß sichergestellt sein, daß die im Hülsenwerkstoff wirksamen Spannungen zu keiner Zeit die zulässigen Grenzen überschreiten, welche sich aus der geometrischen Hülsenform und den Werkstoffeigenschaften errechnen lassen.

2. Festigkeit der Spulenhülse

Im Sinne der Festigkeitslehre kann die Spulenhülse als ein unter äußerem Überdruck stehender zylindrischer Hohlkörper betrachtet werden. Das Garnmaterial ist bestrebt, die Hülse im Sinne einer Verkleinerung ihres Durchmessers zusammenzudrücken. Wenn dabei keine bleibenden Durchmesseränderungen auftreten sollen, muß die Druckspannung im Werkstoff der Hülse im elastischen Bereich bleiben, wobei zur absoluten Elastizitätsgrenze ein genügend großer Sicherheitsabstand einzuhalten ist. Bei Werkstoffen, die keine deutliche ausgeprägte Elastizitätsgrenze besitzen, z.B. bei Leichtmetallen, wird der Spannungswert, der einer Dehnung von 0,2% entspricht, als obere Grenze des elastischen Bereiches angesehen.

Neben der relativ einfach zu übersehenden Stauchbeanspruchung ist die zylindrische Spulenhülse einer der Knickbelastung langer, dünner Stäbe verwandten Einbeulbeanspruchung ausgesetzt. Rohre nämlich, deren Wandstärke relativ zum Durchmesser klein ist, neigen beim Überschreiten gewisser Druckspannungsgrenzen im Wandungswerkstoff zur spontanen Ausbildung von in Längsrichtung verlaufenden Einbeulungen, so daß sich der zunächst runde Querschnitt in die als Beispiel in Abbildung 2 gezeigten Formen verändert. Wieviel Wellen sich dabei ausbilden, hängt von den Abmessungen der Hülse und den Werkstoffeigenschaften ab. Der Einbeuldruck d.h. der äußere Druck unter dessen Einfluß Beulen entstehen, errechnet sich dabei nach v. Mises (1) aus

$$p_E = E \cdot \frac{s}{r} \left[\frac{1}{(m^2-1)[1+(m \cdot l/\pi \cdot r)^2]^2} + \frac{1}{12(1-\mu^2)} \left(m^2 - 1 + \frac{2m^2 - 1 - \mu}{1+(m \cdot l/\pi r)^2} \right) \frac{s^2}{r^2} \right]$$

woraus sich dann die Einbeulspannung über

$$\sigma_E = p_E \cdot \frac{r}{s}$$

errechnen läßt, wenn die Spannungsverteilung über die Wanddicke als konstant angenommen wird, was im vorliegenden Fall zulässig ist.

Hierin bedeutet:
p_E = Kompressionsdruck beim Einbeulen
r = innere Halbmesser der Hülse
s = Wanddicke der Hülse
l = Länge der Hülse
E = Elastizitätsmodul des Hülsenwerkstoffes
m = Anzahl der bei der Einbeulung entstehenden Wellen
µ = Querzahl des Hülsenwerkstoffes
σ_E = Druckspannung in der Hülsenwand beim Einbeulen (Einbeulspannung)

Die Formel muß für verschiedene m ausgerechnet werden. Das kleinste dabei bestimmte p_E gibt den gesuchten, zulässigen maximal-Kompressionsdruck an. Das m, mit dem dieser errechnet wurde, zeigt an, wieviel Wellen bei der Einbeulung zu erwarten sind.

Die reine Stauchbeanspruchung in der Hülsenwand wird aus

$$\sigma = p \cdot \frac{r}{s}$$

errechnet.

Die Abbildung 3 zeigt, für die Abmessungen
Hülsenlänge = 140 mm
Außendurchmesser = 72 mm
die zulässigen Druckspannungen in der Hülsenwand über der Wandstärke für einige verschiedene Werkstoffe. Sicherheiten wurden dabei nicht berücksichtigt. Mit einer Einbeulung der Hülsen ist dann nicht mehr zu rechnen, wenn die zulässige Einbeulspannung über der zulässigen Stauchspannung liegt. In diesen Bereichen, in denen die Fliessgrenze beziehungsweise die 0,2 % Dehngrenze überschritten wird, ist die Beulspannung gestrichelt angegeben. Bei Stahlhülsen der genannten Abmessungen ist ein Einbeulen nur bei Wandstärken kleiner als etwa 1,2 mm zu erwarten, für Leichtmetalle liegt dieser Wert bei etwa 2,2 mm. Als zulässige Druckspannung wurde sowohl für Stahl wie für Leichtmetalle der mittlere Wert von 25 kp/mm^2 angenommen. Tatsächlich ist diese Grenze weitgehend von der Werkstoffauswahl und -Behandlung abhängig. Sie liegt bei Maschinenbaustählen zwischen etwa 19 kp/mm^2 und 35 kp/mm^2, bei legierten Stählen erheblich darüber und fällt für Leichtmetalle je nach Legierung und Härtezustand etwa zwischen 9 kp/mm^2 und 35 kp/mm^2. Die Elastizitätszahlen dagegen, die für die zulässige Beulspannung maßgebend sind, liegen bei allen Stählen dicht bei $2,1 \times 10^6$ kp/mm^2 und bei den Aluminiumlegierungen um $7 \cdot 10^5$ kp/mm^2.

Kunststoffe verhalten sich grundsätzlich anders. Bei ihnen ist der Zeitfaktor von großem Einfluß, von einer Elastizitäts- oder Fliessgrenze kann deshalb nicht gesprochen werden. Der E-Modul ist, je nach Werkstoffart verschieden und liegt etwa zwischen 300 kp/mm^2 und 1000 kp/mm^2.

Für diese beiden letztgenannten Werte sind die Beulgrenzen in Abb. 3 eingetragen.

3. Berechnung der Hülsenbelastung

Für die Dimensionierung von Hülsen ist neben der Kenntnis der zulässigen Beanspruchung des Werkstoffes die tatsächlich auftretende Belastung wichtig. Theoretische Überlegungen von Wegener und Schubert (2) führten zu der für Parallelwicklung geltenden Formel

$$p = p_0 \cdot w \cdot z \left(\frac{r_a}{r_i} - 1\right)$$

mit den Werten:

  p = Druck innerhalb der Spule auf eine zylindrische Fläche von Radius r_i

  r_i = Außenradius der Hülse
  r_a = Außenradius der Spule
  w = Windungsdichte
  z = Schichtdichte
  P_0 = Spulkraft

und Größen für w und z, die auf einer sehr dichten und überall gleichen Packung des Garnes in der Spule basieren, nämlich

  w = z = 5 Fäden/mm

und

  P_0 = 10 p
  r_a = 47,5 mm
  r_i = 36 mm

ergibt das für die sehr kleine Bewicklungsdicke von nur 5,8 mm

$$p = 799\,kp/mm^2$$

Die Werkstoffbelastung in einer Spulenhülse mit 72 mm Durchmesser und einer 2,1 mm starken Wand errechnet sich nach

$$\sigma = p \cdot \frac{r}{s}$$

woraus sich

$$\sigma = 1369\,kp/mm^2$$

ergibt, ein Wert also, der weit oberhalb der für die üblichen Werkstoffe zulässigen Grenzen liegt. Der Grund für diese Abweichung liegt zweifellos einmal darin, daß durch das Überspulen tieferliegender Fadenlagen diese, wie Wegener und Bechlenberg (3) feststellten, auf einen kleineren Durchmesser zusammen gedrückt werden, wobei sie sich naturgemäß verkürzen und die in ihnen vom Spulen her wirksame Zugkraft sinkt. Zum anderen wird vom Augenblick des Auflaufens eines Fadens auf die Spule die Zeitabhängigkeit der Kräfte in den Textilien wirksam, wobei sich für den Spulprozess unter praxisüblichen Bedingungen im allgemeinen ein Kraftabbau einstellen dürfte.

4. Messung der Hülsenbelastung

Da die theoretische Ermittlung der Belastung einer Spulenhülse durch den darauf gewundenen Spulenkörper offenbar nicht genau genug möglich ist, ergibt sich die Notwendigkeit, die Hülsenbeanspruchung zu messen. Wie hoch die Druckspannungen in der Hülsenwand tatsächlich werden, wurde für einige ausgewählte Beispiele experimentell festgestellt. Die dabei verwendeten Spulenhülsen bestanden aus der Leichtmetallegierung AlMgSi im kaltverformten, ausgehärteten Zustand mit $\sigma_{0,2}$ = 25 kp/mm^2 und E = 7,2 $\cdot$ 10^5 kp/mm^2. Sie hatten die Abmessungen:

Länge = 140 mm
Durchmesser = 72 mm (außen)
Wandstärke = 2,1 mm

Diese zylindrischen Hülsen wurden, bei Variation der Fadenzugkraft während des Spulens und der Spuldauer, mit verschiedenen Garnen bespult.

Die Belastung des Hülsenmantels in tangentialer Richtung während des Spulenaufbaues und der anschließenden Lagerung war zu messen.

4.1 Meßprinzip

Die Bestimmung der Druckspannungen im Hülsenwerkstoff erfolgte über die elastische Verformung des Hülsenmantels im Inneren der Hülse mittels Dehnungsmeßstreifen, im Folgenden kurz DMS genannt. Dabei handelt es sich um äußerst dünne elektrische Leiter in Drähtchen- oder Folienform, die durch Verklebung mit dem Werkstoff der Spulhülse innig verbunden werden, dabei jedoch von ihm elektrisch isoliert sein müssen. Diese Leiter, meistens in Mäanderform angeordnet, machen alle Formänderungen des Werkstoffes mit, soweit gewisse Maximalgrenzen nicht überschritten werden. Mit einer Dehnung des Garnträgerwerkstoffes werden sich also auch die elektrischen Leiter verlängern, mit einer Stauchung verkürzen. Das führt dazu, daß sich der elektrische Widerstand dieser Leiter bei Dehnungen vergrößert, bei Stauchungen vermindert. Der physikalische Zusammenhang zwischen der Größe der Werkstoffstauchung bzw. der Dehnung und der dadurch verursachten Widerstandsänderung ist bekannt. Es genügt also die Widerstandsänderung eines DMS zu bestimmen, um daraus den Dehnungszustand des Werkstückes, auf das der DMS geklebt wurde, zu ermitteln. Aus dem Dehnungszustand wiederum läßt sich, bei Kenntnis der elastischen Werkstoffdaten, der Spannungszustand errechnen.

Durch die geschilderten Zusammenhänge ist die Aufgabe der Bestimmung einer Werkstoffspannung auf die Notwendigkeit einer elektrischen Widerstandsmessung zurückgeführt, die mit sehr hoher Genauigkeit möglich ist. Im allgemeinen erfolgt sie über Brückenschaltungen, wobei entweder die ganze Meßbrücke oder Teile derselben durch DMS dargestellt werden. Im Falle der beschriebenen Messung forderten die zur Verfügung stehenden Meßverstärker das Arbeiten mit einer Halbbrücke aus DMS. Das bedeutet, daß zwei der insgesamt 4 Brückenzweige außerhalb des Gerätes für die Messung zur Verfügung standen, die beiden anderen im Inneren des Meßgerätes lagen.

Es ist eine grundlegende Eigenschaft elektrischer Widerstandsbestimmung mit Hilfe von Brückenschaltungen, daß nur relativ zu bekannten Widerstandswerten gemessen werden kann. Dabei werden jeweils die beiden Zweige einer Halbbrücke miteinander verglichen. Ändert sich das Verhältnis dieser Widerstände nicht, so ergibt sich der Meßwert 0. Das bedeutet, daß eine gleichzeitige Dehnung oder Stauchung zweier Dehnungsmeßstreifen in der gleichen Halbbrücke kein Meßergebnis bringt, während die Messung dann besonders empfindlich wird, wenn der eine Dehnungsmeßstreifen gedehnt und der andere um den gleichen Absolutbetrag gestaucht wird, wie das beispielsweise bei der Durchbiegung von Balken der Fall ist, bei denen die beiden DMS einer Halbbrücke einerseits auf die gestauchte, andererseits auf die gedehnte Faser geklebt wurden. Im vorliegenden Falle hatte man es in allen Bereichen der

Garnhülse mit Stauchungen zu tun. Es konnte also für die
Messung nur ein einziger Zweig der Halbbrücke herangezogen
werden, der zweite, wegen der elektrischen Symmetrie ebenfalls aus einem DMS bestehend, mußte so angebracht sein,
daß sich sein Widerstandswert infolge der Kompression des
Garnträgers nicht änderte, was dann der Fall ist, wenn beide
Streifen in ihrer aktiven Richtung senkrecht zueinander
stehen. Der eine Streifen in Richtung der Stauchung liegend,
übernahm die Messung, während der zweite zum Vergleich
diente und gleichzeitig für eine Temperaturkompensation
sorgte.

Dabei war vorausgesetzt, daß die Axialkräfte und die dadurch bedingten Formänderungen des Garnträgers von untergeordneter Bedeutung sind.

Die Temperaturempfindlichkeit ist ein gewisser Nachteil der DMS-Methode. Zu ihrer Bekämpfung wird die Eigenschaft der Relativmessung von Widerstandsmeßbrücken ausgenutzt. Wenn man dafür sorgt, daß beide Dehnungsmeßstreifen
der Halbbrücke den gleichen Temperatureinflüssen unterliegen, so werden sich in beiden Streifen die gleichen
wärmebedingten Widerstandsänderungen einstellen und somit in die Messung nicht eingehen. Wenn darüber hinaus
Dehnungsmeßstreifentypen verwendet werden, die durch ihre
Konstruktion bereits temperaturkompensiert sind, d.h. die
aus einem elektrischen Leiter aufgebaut wurden, dessen
Wärmebeiwert demjenigen des Werkstoffes, auf welchem der
DMS geklebt wird, entspricht, dann wird auch auf diesem
Wege der Einfluß von Temperaturschwankungen vermindert.

4.2 Meßgeräte

Beim Aufbau der Meßeinrichtung wirkte sich komplizierend
aus, daß die Verbindung zwischen Meßhülse und Meßgerät
trennbar auszuführen war, um das Bespulen der Hülse zu
ermöglichen, und daß das Verhalten von Garnen unter Wasser
untersucht werden sollte, was die wasserfeste Ausführung der
Meßleitungen erforderlich machte.

Die Verbindung zum Meßgerät wurde steckbar ausgeführt, wobei
wasserdichte Steckverbindungen Verwendung fanden. Der Anschluß des DMS an den in der Hülse befindlichen Steckerteil

wurde gleichfalls in temperaturfestem und wasserdichtem Kabel ausgeführt, der Meßstreifen selbst und die Kontaktstelle mit einem geeigneten Schutzüberzug aus Silikonkautschuk versehen. Es mußte dabei auf einen sehr stabilen Aufbau der Verdrahtung innerhalb des Garnträgers geachtet werden, da dieser, bei der Bewicklung auf Spulmaschinen, erheblichen Fliehkräften ausgesetzt wurde. Verbiegungen in den Anschlußelementen der DMS hätten Meßfehler herbeigeführt. Gleichzeitig erfolgte die Leitungsführung so, daß durch sie keine Kräfte auf die Meßstelle selbst ausgeübt werden konnten.

Eine mit Garn bespulte Hülse ist in Abbildung 4 dargestellt. Deutlich ist im Inneren der Hülse die Silikonkautschukabdeckung des DMS sichtbar. Am Stirnende ist die Steckvorrichtung zur Verbindung mit dem Meßgerät angeordnet. Die Steckbuchse sitzt in einem Aluminiumteil, welches mit der Hülse verschraubt ist. Diese Einrichtung führte naturgemäß zu starken Unwuchten beim Spulen. Um hier einen Ausgleich herbeizuführen wurde die Spuleinrichtung mit einer gleich großen exzentrischen Masse, die der Steckvorrichtung gegenüberstand, versehen. Auf diese Weise ließ sich ein genügend ruhiger Rundlauf der Spulenachse erzielen. Gespult wurde auf einer Laborspuleinrichtung bei 5oo m/min. Spulgeschwindigkeit mit annähernd paralleler Fadenlage. An beiden Enden der Spule blieb etwa 1o mm der Hülsenlänge frei.

Die unbespulten Hülsenenden, die Einspannvorrichtung, die an diesen Hülsenenden angriff und die an einem Ende der Hülse liegende Steckvorrichtung könnten die Messung stören. Um von solchen Einflüssen frei zu sein, wurden die DMS in der Hülsenmitte angeordnet. Als DMS wurden Rosetten mit zwei Meßgittern, deren Wirkungsrichtungen senkrecht aufeinander stehen, verwendet. Die aktive Länge des Meßgitters betrug 3 mm, der Widerstandswert 12o Ohm. Der Temperaturkoeffizient der DMS war an Aluminium angepaßt.

Für die Messung standen 1o gleiche Vibrometer - Trägerfrequenz - Meßbrücken mit gemeinsamen Ozillatorteil zur Verfügung. Zur Registrierung der jeweils 1o gleichzeitig laufenden Messungen wurde ein Philipps-12-Punkt-Drucker eingesetzt. Die gesamte Meßeinrichtung, besetzt mit 1o Meßhülsen, ist in Abbildung 5 zu sehen.

4.3 Eichung

Die direkte Bestimmung des Spannungs-Maßstabes war nicht möglich, da eine genaue bekannte Druckspannung im Werkstoff des Hülsenmantels durch äußere Belastung nicht in einfacher Weise aufgebracht werden konnte. Es wurde deshalb eine indirekte Methode verwendet, bei welcher einem der beiden DMS in der äußeren Halbbrücke, dessen Widerstand ja bekannt ist, ein zweiter genau bekannter, wesentlich größerer Widerstand parallel geschaltet wurde. Daraus ergab sich eine definierte, kleine Brückenverstimmung, die mit Hilfe des ebenfalls bekannten k-Faktors der DMS in eine Dehnung und diese wiederum über den gleichfalls bekannten Elastizitätsmodul des Hülsenwerkstoffes in eine Spannung umgerechnet werden konnte. Der erwähnte k-Faktor kennzeichnet den Zusammenhang zwischen der Dehnung (der Stauchung) des DMS und der daraus resultierenden relativen Widerstandsänderung.

4.4 Bespulung der Meßhülsen

Die Hülse wurde mit Parallelwicklung bespult. Die dabei erforderliche Zugkraftmessung erfolgte mit Hilfe eines Honigmann Fadenzugkraftmeßgerätes, die Vorbehandlung der Wollgarne auf der Frenzel-Hahn-Garnprüfmaschine bei Überwachung der Fadenzugkraft durch ein Textechno-Elmatex-Gerät.

Die Obergrenzen sowohl der Fadenzugkraft beim Spulen wie der Spuldauer wurden für die verschiedenen Materialien so gewählt, daß sich einerseits noch eine formstabile Spule herstellen ließ und andererseits Fadenbrüche beim Spulen nicht auftraten.

Während die Synthetik-Materialien von der Vorlagespule direkt auf die Testhülsen gespult wurden, ergab das gleiche Verfahren bei Wolle keine meßbaren Ergebnisse. Auch Feuchtigkeitseinflüsse waren bei dieser Methode ohne Auswirkung. Deshalb wurde das Wollgarn, bevor es

auf die Meßhülsen gebracht wurde, vorbelastet, indem es
zunächst vom Spinncop in weicher Wicklung auf Aluminiumhülsen gebracht, in diesem Zustand im Wasserbad vollkommen
durchnäßt und anschließend mit einer Zugkraft von 165 p
auf eine zweite Aluminiumhülse gewunden wurde. Die Trocknung
dieser Hülse bei 70°C bis zur Gewichtskonstanz fixierte
die dem Wollgarn im nassen Zustand eingeprägte Überdehnung,
so daß für die weiteren Versuche ein trockenes, dehnungsgeschädigtes Garn zur Verfügung stand.

4.5 Ablauf der Messungen

Da nur eine einzige Spulstelle zur Verfügung stand, erfolgte die Bespulung der Hülsen nacheinander, wobei im
einzelnen stets die folgende Reihenfolge eingehalten
wurde: Alle zehn leeren Hülsen, deren Nettogewicht bekannt war, wurden an die Meßeinrichtung angeschlossen und
nach einer Wartezeit von 2 Stunden abgeglichen, um die
Wärmeentwicklung innerhalb der DMS zu berücksichtigen.
Für jede der Hülse wurde auf einen anderen Betrag abgeglichen (Größe L der Auswerteformel). Bevor die jeweils zu bespulende Hülse vom Meßgerät getrennt wurde,
erfolgte die Maßstabsfeststellung durch Drücken der Eich-
taste, wobei der Schreiber den Ausschlag K registrierte.
Danach wurde die Hülse bespult, wobei für jede der 10
Hülsen eines Satzes gleiche Fadenzugkräfte, jedoch unter-
schiedliche Spulenfüllungen angewendet wurden. Die
fertige Spule wurde sofort nach Ende des Bespulvorganges
wieder an die Meßeinrichtung angeschlossen und verblieb
dort über einen Zeitraum von mindestens 100 Stunden. Auf
diese Weise wurden nacheinander alle leeren Hülsen behandelt.

Nach Ablauf der Lagerzeit wurden die bespulten Hülsen zu-
rückgewogen.

4.6 Auswertung

Um für die anschließende Auswertung eine bessere Zu-
ordnung der vom 12-Punkt-Drucker registrierten An-
zeigen zu den 10 gleichzeitig beobachteten Meßhülsen
möglich zu machen und die registrierten Kurven besser

voneinander trennen zu können, wurden die Nullinien der
zehn Hülsen nicht auf die Nullinie des Papiers gelegt,
sondern für jede Hülse um einen anderen Betrag in das
Papier hinein verschoben. Die Ablesung der angezeigten
Werte vom Registrierpapier erfolgte dann jedoch stets
von der Papier-Nullinie aus. Diese Vereinfachung, welche
der Meßsicherheit dienen sollte, komplizierte den Aufbau der Formel, aus welcher die Druckspannung in der
Hülse endgültig errechnet wurde, was jedoch von untergeordneter Bedeutung war, da die Errechnung auf einem
programmierten Tischrechner, Typ Combitron, erfolgte.

Zum Zwecke der Auswertung wurden die Ausschläge A_t nach
unterschiedlich langen Lagerzeiten gemessen. Diese betrugen 0,25 h, 0,5 h, 1 h, 2,5 h, 5 h, 10 h, 25 h, 50 h
und 100 h.

Die Messung der Lagerzeit begann für jede Hülse mit dem
Beginn der Bespulung. Auf dem Registrierstreifen war
dieser Zeitpunkt daran erkenntlich, daß im Augenblick
der Trennung von Meßgerät und Hülse die Schreibfeder in
ihre Endlage wanderte.

Die Druckspannung errechnete sich aus

$$\sigma_t = \frac{R}{(R+R_E) \cdot k \cdot B} \cdot E \cdot \frac{1}{K-L} \cdot (A_t - L)$$

Hierin bedeutet:
- σ_t = Druckspannung im Hülsenwerkstoff
- R = Widerstand der DMS
- R_E = Widerstand des Eichwiderstandes
- k = k-Wert DMS
- B = Brückenfaktor
- E = Elastizitätsmodul
- L = Ausschlag des Schreibers beim Abgleich der leeren Hülse, gemessen bis zur Papiernullinie
- K = Ausschlag des Meßgerätes bei der Eichung, gemessen bis zur Papiernullinie
- A_t = Ausschlag während der Messung, gemessen bis zur Papiernullinie
- t = Index für die Lagerzeit, gemessen ab Beginn der Bespulung.

Die Aufzeichnung der aus den Meßwerten für die verschiedenen
Lagerzeiten errechneten Druckspannungswerte im doppellogarithmischen Koordinatensystem über der Lagerzeit diente der
weiteren Auswertung, die im übrigen bei den verschiedenen
Textilmaterialien in unterschiedlicher Weise erfolgte und
dort beschrieben ist.

4.7 Garne

Für die Untersuchungen standen drei verschiedene Garnmateri-
alien zur Verfügung, und zwar
    Polyester mattiert, Gesamttiter 5o dtex, 2o Filamente,
    auf Streckcops
    Polyamid 6, Gesamttiter 6o dtex, 9 Filamente, auf
    Streckcops
    Wolle, 2-fach Zwirn, 2 x 25 dtex, auf Kreuzspulen.

5. Ergebnisse bei Polyester

Die im doppellogarithmischen Koordinatenkreuz über der Zeit
aufgetragenen Meßwerte der Druckspannung im Hülsenmantel
ordneten sich gut einer Geraden ein. Es wurden deshalb für
die Meßpunkte Regressionsrechnungen mit $\log \sigma_t$ als abhängig Veränderlicher und $\log t$ als unabhängig Veränderlicher angesetzt. Es ergaben sich bei Polyester Geraden
von der Form:

$$\log \sigma_t = \log \sigma_1 + b \cdot \log t$$

Daraus entsteht durch Umformung

$$\sigma_t = \sigma_1 \cdot t^b$$

Darin bedeuten σ_1 = Druckspannung z.Zt. t = 1h
                       t = Lagerzeit, gemessen ab Spulungs-
                           beginn
                       b = Exponent

Die errechneten Regressionskurven gaben den Verlauf der Meß-
kurven mit sehr guter Genauigkeit wieder. Das Bestimmheits-
maß lag in der Mehrzahl der Fälle zwischen 9o und 98 %, der
relative Vertrauensbereich betrug maximal ± 4 % bei S = 99 %.

Die Druckspannungsänderung im Hülsenwerkstoff gehorchte beim untersuchten Polyestermaterial also einem hyperbolischen Gesetz, wie es auch bei Relaxationsvorgängen bekannt ist. Der Verlauf der Druckspannungskurve läßt sich durch zwei Angaben festlegen, und zwar durch die nach einer Stunde erreichte Druckspannung σ_1 und den Steigungskoeffizienten b. Positive Werte für b geben an, daß die Druckspannung im Laufe der Lagerzeit ansteigt, negative Werte bedeuten, daß sie fällt. Die grafische Darstellung der beiden den Druckspannungsverlauf charakterisierenden Konstanten für das untersuchte Polyestermaterial ist mit den Abbildungen 6 u. 7 für 6 verschiedene Fadenzugkräfte während des Bespulens gegeben.

Beispielhaft für die Fadenzugkraft 63 p zeigt die Abbildung 8 den Verlauf der Druckspannung σ_1, während der Lagerzeit bis zu 100 Std. im log/log-System. Die Geraden wurden jeweils beginnend zur Zeit t_o, dem Ende des Bespulungsvorganges also, gezeichnet. Die gestrichelt eingezeichnete Verbindungslinie ihrer Anfangspunkte ergibt dann den Druckspannungsaufbau $\sigma_0 = f(t)$ während des Bespulens der untersuchten Hülse mit Polyestergarn bei einer Fadenzugkraft von 63 p.

Einen guten Gesamtüberblick über die Entwicklung der Druckspannung während des Bespulvorganges und ihren weiteren Verlauf während der anschließenden Lagerzeit vermittelt die Abbildung 9, in welcher in durchgezogenen Kurven der Aufbau der Druckspannung während der Bespulungszeit dargestellt ist. Gestrichelte Kurven für den Exponenten b zeigen an, welche Tendenzen während der Lagerung zu erwarten sind. Für alle Kombinationen der Fadenzugkraft beim Spulen P_o, und der Bespulungsdauer t_o, die oberhalb der Kurve b = 0,0 liegen, wird die Druckspannung im Hülsenkörper ansteigen, unterhalb von b = 0,0, im Bereiche negativer b-Werte also, wird während der Lagerzeit die Druckspannung in der Hülse sinken.

6. Ergebnisse bei Polyamid

Ähnlich wie beim Polyester liegen die Verhältnisse beim Polyamid 6. Auch hier erfüllten die Meßpunkte der Druckspannung der Hülse während der Lagerzeit der Spule mit guter Genauigkeit eine Gerade im log/log-System, so daß sich

Regressionsrechnungen hoher Bestimmtheit ansetzen ließen.
Die daraus ermittelten σ_1-Werte, d.h. die Druckspannung in
der Hülse z.Zt. t = 1 Std., sind in Abbildung 1o über der
Spuldauer t_o für drei verschiedene Spulkräfte aufgetragen.
Anhand des vorliegenden Ergebnismaterials war es nicht möglich, auch den Exponenten b grafisch exakt zu bestimmen.
Hier ergaben sich starke Streuungen, die wahrscheinlich aus
den ohnehin großen experimentellen Schwierigkeiten beim
Herstellen der Spulen aus Polyamid resultieren. Durch sie
war die Spuldauer auf 5o Minuten und die Spulkraft auf 5o p
beschränkt, weil sich bei Überschreitung dieser Werte Verschiebungen des Garnkörpers auf der Spulenhülse zeigten,
die sicherlich auf die hohe Glätte des verwendeten Polyamid-
6-Garnes zurückzuführen sind. Es war deshalb nicht möglich,
ähnlich konkrete Aussagen über den zu erwartenden Druckspannungsverlauf zu machen, wie das in Abbildung 9 für Polyester
geschehen ist.

7. Ergebnisse bei Wolle

Bei Messungen an Hülsen, welche bei unterschiedlichen Bedingungen sowohl die Spulkraft wie die Spuldauer betreffend
mit auf Kreuzspulen vorgelegtem Wollgarn bespult wurden,
konnte mit der verfügbaren Meßeinrichtung keine Veränderung
der Druckspannung in den Hülsen während der Lagerung festgestellt werden. Auch die Messung der Spannung an Hülsen, die
vollständig mit Wasser bedeckt waren, brachte keine Resultate. Es wurde deshalb das in der oben stehend beschriebenen
Weise geschädigte Wollmaterial verwendet. Hier zeigten sich
deutliche Änderungen der Druckspannung während der Lagerzeit,
und zwar stets im Sinne eines Spannungsanstieges. Der Verlauf dieses Anstieges entsprach in keiner Weise den bei den
synthetischen Materiallien beobachteten linearen Veränderungen
im doppeltlogarithmischen Netz. Bei dem geschädigten Wollmaterial zeigte sich nach Lagerzeiten zwischen 1 und 1o Stunden ein relativ schnell verlaufender Spannungsanstieg, der
nach einer relativen kurzen Zeitspanne in einem wesentlich
höheren Spannungsniveau endet. In Abbildung 11 sind zwei
derartige Verläufe dargestellt, welche bezüglich ihres steilen
Bereiches und der erreichten End-Druckspannung Extremwerte
darstellen. Alle übrigen Messungen lagen zwischen diesen bei-

den Kurven, auch wenn mit größeren oder kleineren Zeiten oder Kräften gespult worden war.

Es kann angenommen werden, daß der steile Anstieg der Kurven in dem Maße erfolgte, wie das Wasser den Garnkörper durchdrungen hat und dabei die blockierten Krumpfkräfte freisetzte. Die Verläufe der Abbildung 11 lassen sich dann so interpretieren, daß Kurve I einen sehr frühen, steilen Anstieg aufweist, der deshalb möglich war, weil bei der kurzen Bespulungsdauer nur eine Spule geringer Dicke gewickelt wurde; auch war die gekrumpfte, kleine Garnmenge nicht in der Lage, größere Kompressionskräfte auf die Spulenhülse auszuüben. Im Falle der Kurve II dagegen nahm die Durchfeuchtung wegen des größeren Garnvolumens einen erheblich langsameren Verlauf. Zunächst krumpften die äußeren Garnlagen, dann erst übertrug sich dieser Vorgang auf die mittleren und inneren und schließlich, nach vollständiger Durchnässung, ergaben die summierten Krumpfkräfte aus allen Garnlagen eine infolge der größeren Garnmenge höhere Druckspannung in der Hülse. Die Zugkraft während des Spulens schien bezüglich der Ausbildung der Druckspannung in der Hülse während der Lagerzeit von untergeordneter Bedeutung zu sein. Sie war aber von Einfluß auf die Druckspannung während des Spulvorganges, d.h. unmittelbar bei Beginn des Feuchtigkeitseinflusses. Hier liegt, infolge der geringeren Spulkraft, die Hülsenspannung bei Kurve II unterhalb derjenigen von Kurve I, bei welcher mit höherer Kraft gespult wurde.

8. Vergleich der Ergebnisse

Der in Abbildung 12 dargestellte Vergleich aller drei untersuchten Materialien macht den Unterschied zwischen den synthetischen Rohstoffen und der Wolle noch einmal deutlich. Für diese Zusammenstellung wurden Versuche mit vergleichbaren Parametern, die Spulzeit und die Menge des gespulten Garnes betreffend, ausgewählt. Das Netto-Garngewicht G bei allen drei Versuchen betrug 120-160 g, die auf den Titer bezogene Spulkraft p_o lag im Bereich von 0,1 p/dtex bei Wolle und 0,2 p/dtex bei Polyamid. Polyester wurde mit 0,18 p/dtex gespult. Während diese Spulkräfte bei den synthetischen Materialien an der untersten Grenze des untersuchten Bereiches lagen, war bei Wolle mit o,1 p/dtex die größtmögliche Spulkraft gegeben. Bezüglich der Synthetiks wird hier ein Bereich angesprochen, der, wie auch einem Vergleich der Abbildung 6 und 1o entnommen werden kann, bei Polyester niedrigere Druckspannungen zeigt als bei Polyamid. Diese Relation kehrt sich für höhere Spulkräfte um. Um eine bessere Vergleichsmöglichkeit zu haben, wurden die Druckspannungen in der Hülse nicht nur auf den Werkstoffquerschnitt, sondern auch auf die Netto-Garnmenge auf der Hülse bezogen. Eine weitere Normierung auf die relative Spulkraft p_o (p/dtex) zeigt, wie der Abbildung 13 entnommen werden kann, daß die Belastung einer Hülse mit krumpfendem Wollgarn Werte angenommen hat, die über den bei Synthetiks unter vergleichbaren Umständen (aber bei Trockenheit) gemessenen lagen. Da aber in allen drei Fällen die Druckspannungen in den Hülsen zum Teil erheblich unter 15 kp/mm^2 lagen (Abbildung 6,1o und 11), ist eine Schädigung der verwendeten Hülsen nicht zu befürchten gewesen (Abbildung 3) und auch nicht beobachtet worden. Während bei Wolle jedoch die dem Vergleich zugrundeliegenden Messungen bei relativ hohen Spulspannungen abliefen, lagen bei synthetischen Garnen als normal anzusehende Spulspannungen vor. Werden diese überschritten, so könnten Schäden an den verwendeten Hülsen durchaus eintreten.

Eine Schädigung normal dimensionierter Spulenhülsen beim Spulen von Polyester und auch Polyamid 6 kann bei relativ hohen Spulspannungen durchaus eintreten und sollte durch konstruktive Maßnahmen an den Hülsen aufgefangen werden, wenn es nicht möglich ist, die Spulspannungen herabzusetzen.

Die Schädigung von Hülsen durch Wollgarne erscheint überhaupt nur dann möglich, wenn dehnungsgeschädigte Garne auf der mit sehr hohen Kräften aufgewundenen Spule dem Einfluß von Wasser ausgesetzt werden und gleichzeitig die Spule geringe Festigkeitswerte aufweist, sei es, daß sie unterdimensioniert ist oder daß unter dem Feuchtigkeitseinfluß, eventuell verbunden mit Wärmeeinwirkung, der Hülsenwerkstoff seine Festigkeit verliert.

Die bei den praktischen Versuchen beobachteten Hülsendeformierungen (s. Abbildung 1) lagen bei den Aluminiumhülsen, an denen gemessen wurde, immer im Stauchbereich, Einbeulungen waren also nicht zu erwarten.

Die zum Vergleich herangezogenen Kunststoffhülsen wurden ebenfalls nur im Umfang gestaucht, während bei Papphülsen wellenförmige Deformierungen auftraten. Daß sich diese nicht so deutlich ausbildeten wie es die Theorie (1) verlangt, liegt sicherlich einmal daran, daß der verformende Außendruck beim theoretisch behandelten Rohr auch während der Deformation erhalten bleibt, während der durch Garne erzeugte Kompressionsdruck verschwindet und zum anderen an den infolge der örtlichen Formänderung im Pappwerkstoff auftretenden Inhomogenitäten.

9. Zusammenfassung

Die Möglichkeit der Zerstörung von Spulenhülsen durch im aufgespulten Garn wirksame Kräfte führte zum Wunsch, die Kompressionskräfte, welche ein Garnkörper auf den Spulenträger ausübt, kennenzulernen. Die theoretische Ermittlung dieser Belastung ist mit genügender Genauigkeit nicht möglich, die Bestimmung der zulässigen Hülsenbelastung aus Hülsenform und Werkstoffdaten läßt sich dagegen für zylindrische Hülsen leicht durchführen.

An solchen, aus Aluminium bestehenden, Hülsen wurden deshalb bei Bespulung mit Polyester, Polyamid 6 und Wolle die in den Zylinderwandungen auftretenden Belastungen und ihr zeitlicher Verlauf bei der Spulenlagerung gemessen.

Polyester zeigte, je nach Spulkraft und gespulter Garnmenge (dargestellt durch die Spuldauer) Bereiche, in welchen die Hülsenbelastung während der Lagerung abfällt und andere, in denen sie steigt. Polyamid verhält sich in Ansätzen ähnlich, erschöpfende Aussagen können nicht gemacht werden.

Bei Wolle treten nennenswerte Hülsenbeanspruchungen nur auf, wenn dehnungsgeschädigtes Material auf der Spule unter Wassereinfluß kommt. In diesem Falle ist die auf den Querschnitt des Hülsenmantels, die Garnfeinheit, das Garngewicht und die Spulkraft bezogene Werkstoffbeanspruchung der Hülse bei krumpfender Wolle am höchsten. Da die Belastbarkeit der Wolle beim Spulen aber erheblich kleiner ist als bei Synthetiks, sind im allgemeinen keine Hülsenbeschädigungen durch Wolle zu befürchten. Bei synthetischen Garnen dagegen liegen sie bei hohen Spulkräften auch bei kräftigen Hülsen im Bereich der Möglichkeiten.

Literatur

(1) v. Mises — Der kritische Außendruck zylindrischer Rohre

ZVDI 58 (1914) Seite 75o

(2) Wegener W.
G. Schubert
— Die Ermittlung der Druckverteilung im Garnkörper

Textil-Praxis 23 (1968)
S. 226, 297, 366

(3) Wegener W.
H. Bechlenberg
— Druckverteilung in Streckzwirnspulen

Textil-Praxis 24 (1969)
S. 226, 3o1, 369, 449,
521, 584

Abbildungen

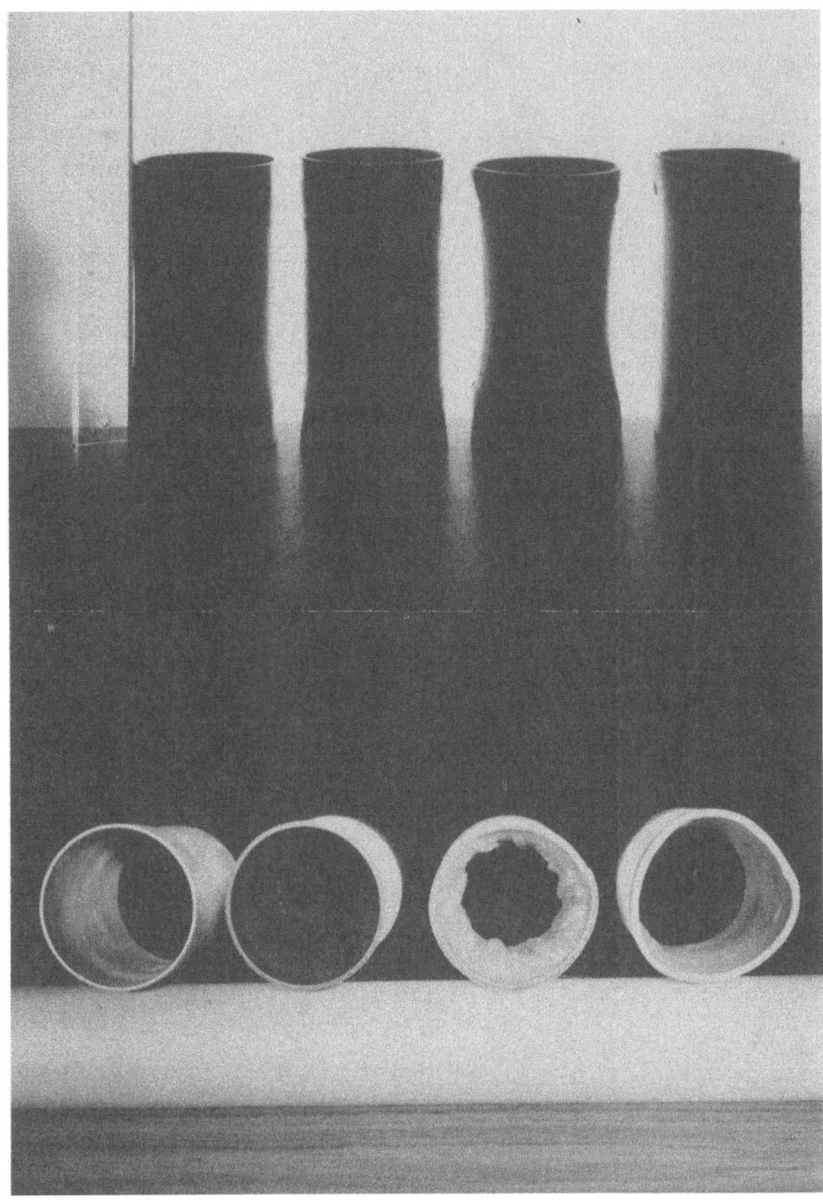

Abb. 1: Infolge zu hoher Kompressionskräfte deformierte
Spulenhülsen
oben: Schattenbilder der Längsansicht
unten: Draufsicht auf den Querschnitt
von rechts nach links:
dreieckig verformte Papphülse
sehr stark gestauchte Papphülse
gestauchte Kunststoffhülse
gestauchte Leichtmetallhülse

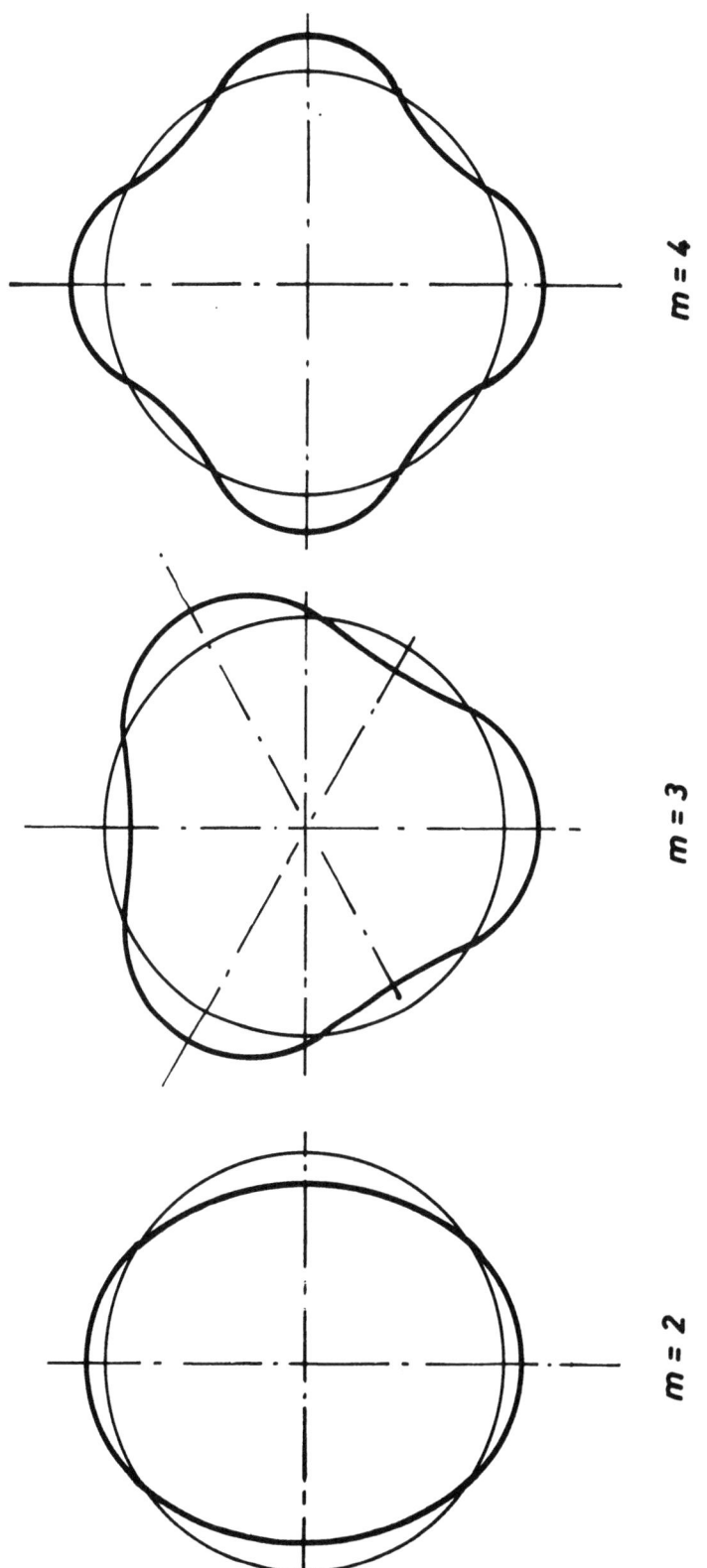

Abb. 2: Einbeulformen zylindrischer Rohre, m = Anzahl der Beulen
Zur besseren Verdeutlichung sind die Ausbeulungen stark übertrieben gezeichnet

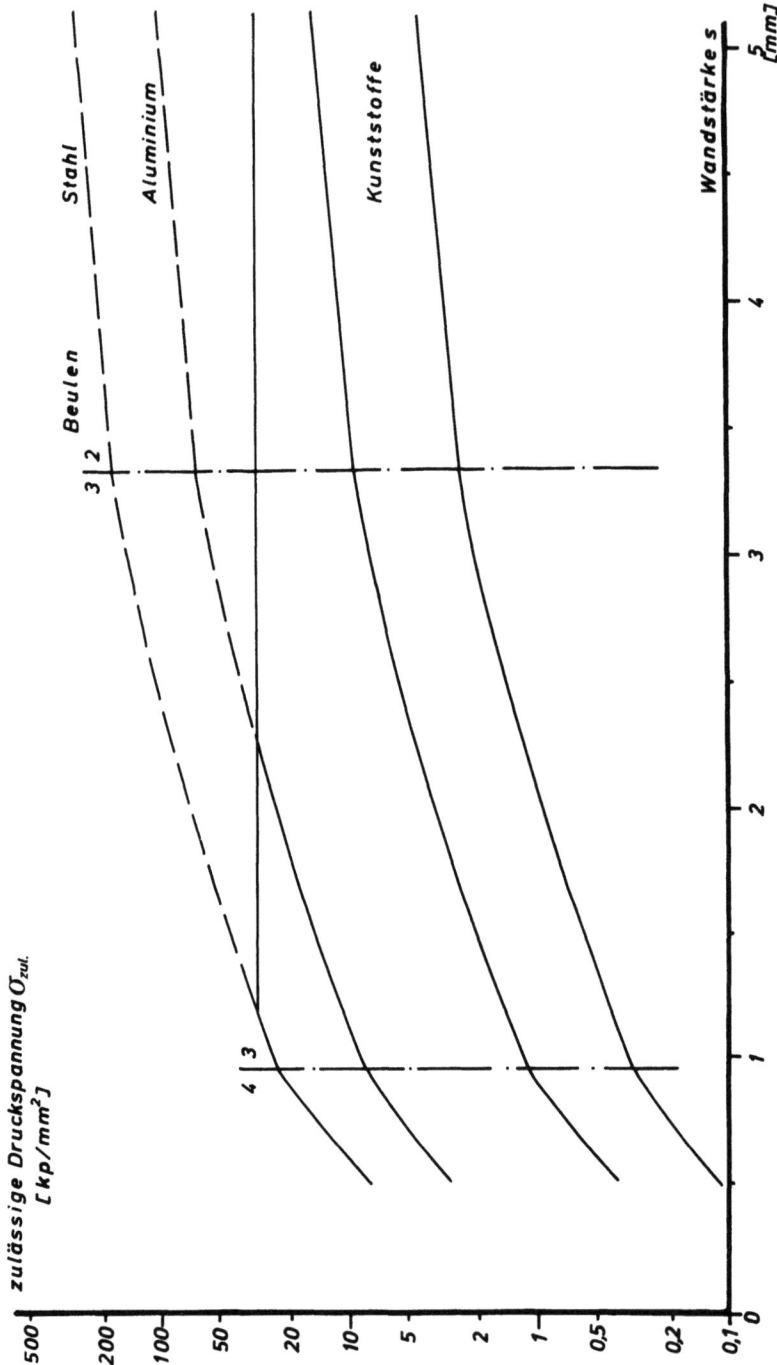

Abb. 3: Zulässige Druckspannungen verschiedener Hülsenwerkstoffe
Hülsenmaße: Länge = 140 mm, Außendurchmesser = 72 mm

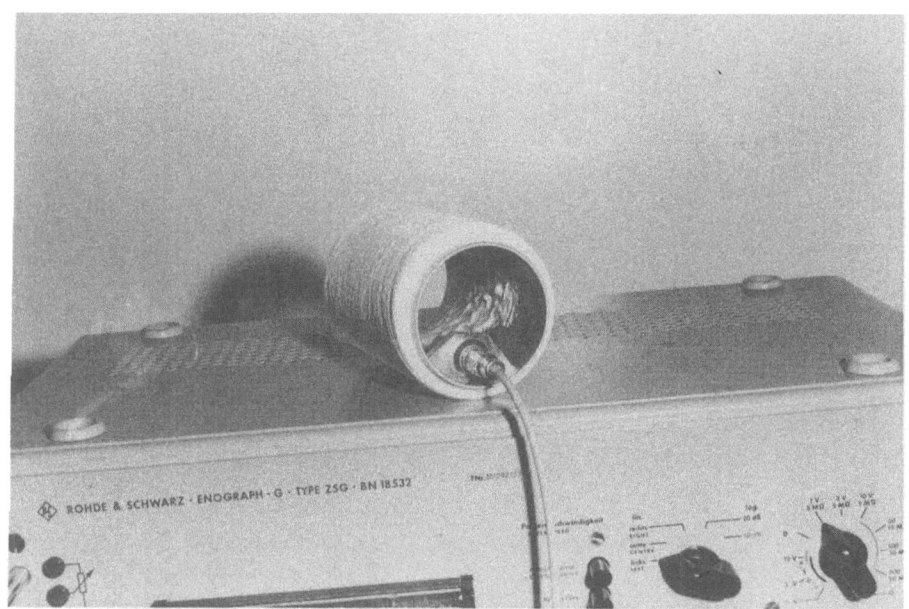

Abb. 4: Mit Garn bespulte Aluminiumhülse, zu Meßzwecken mit abgedeckten Dehnungsmeßstreifen und Anschlußbuchse versehen

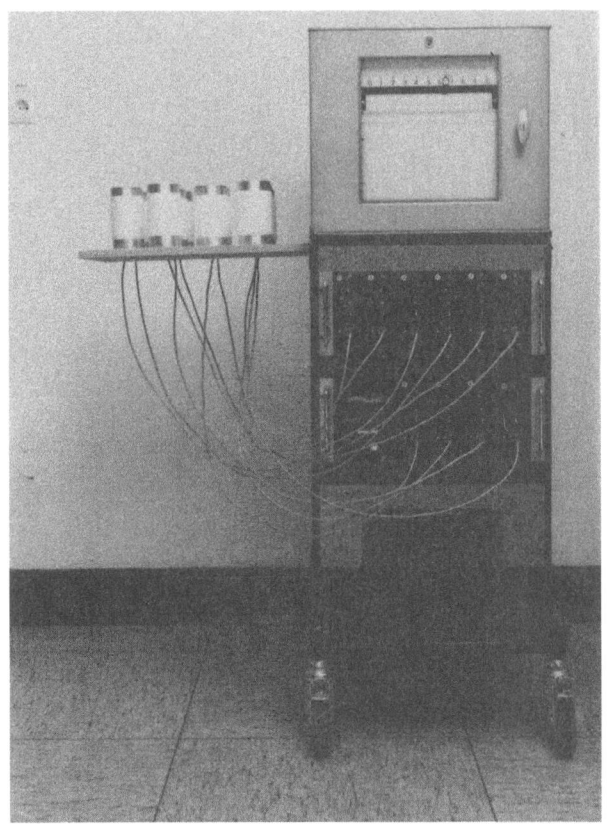

Abb. 5: Meßeinrichtung, besetzt mit Meßhülsen
   oben: 12-Punkt-Schreiber
   darunter: 10 Trägerfrequenzmeßbrücken
   links: 10 bespulte Meßhülsen

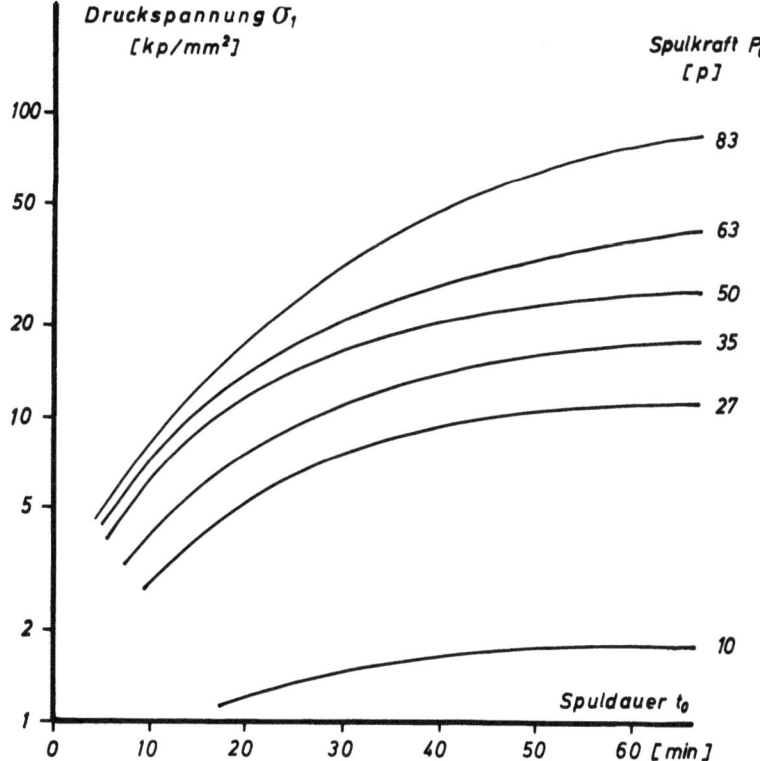

Abb. 6: Druckspannung σ_1 in der mit Polyester bespulten Hülse zur Zeit t = 1h nach Spulbeginn

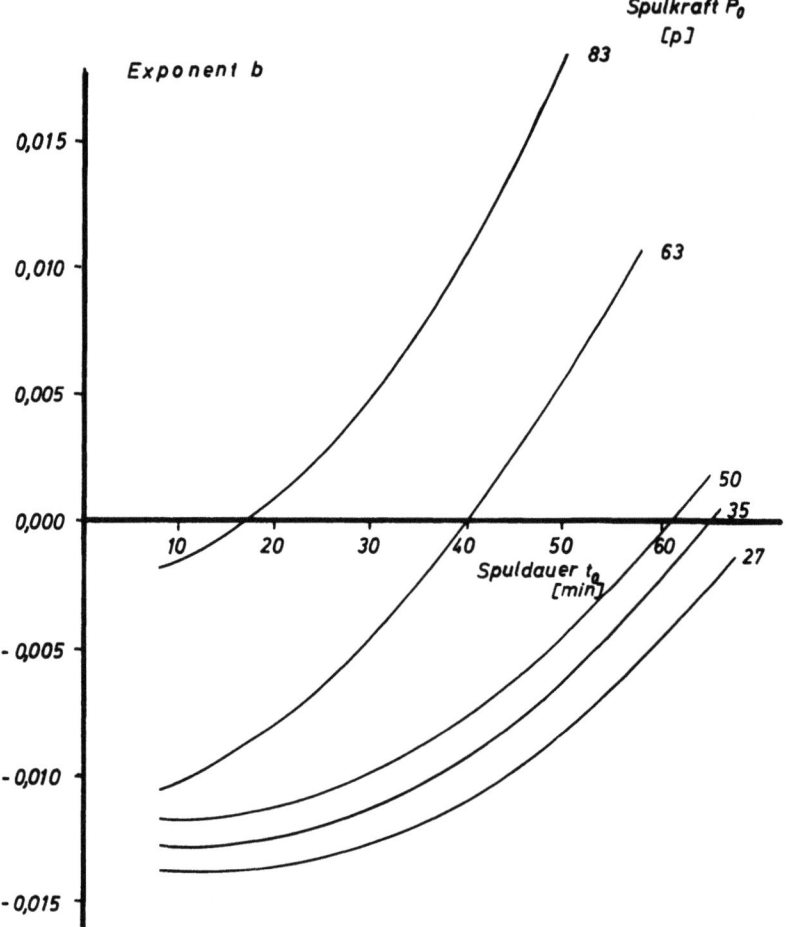

Abb. 7: Exponent b bei Polyester

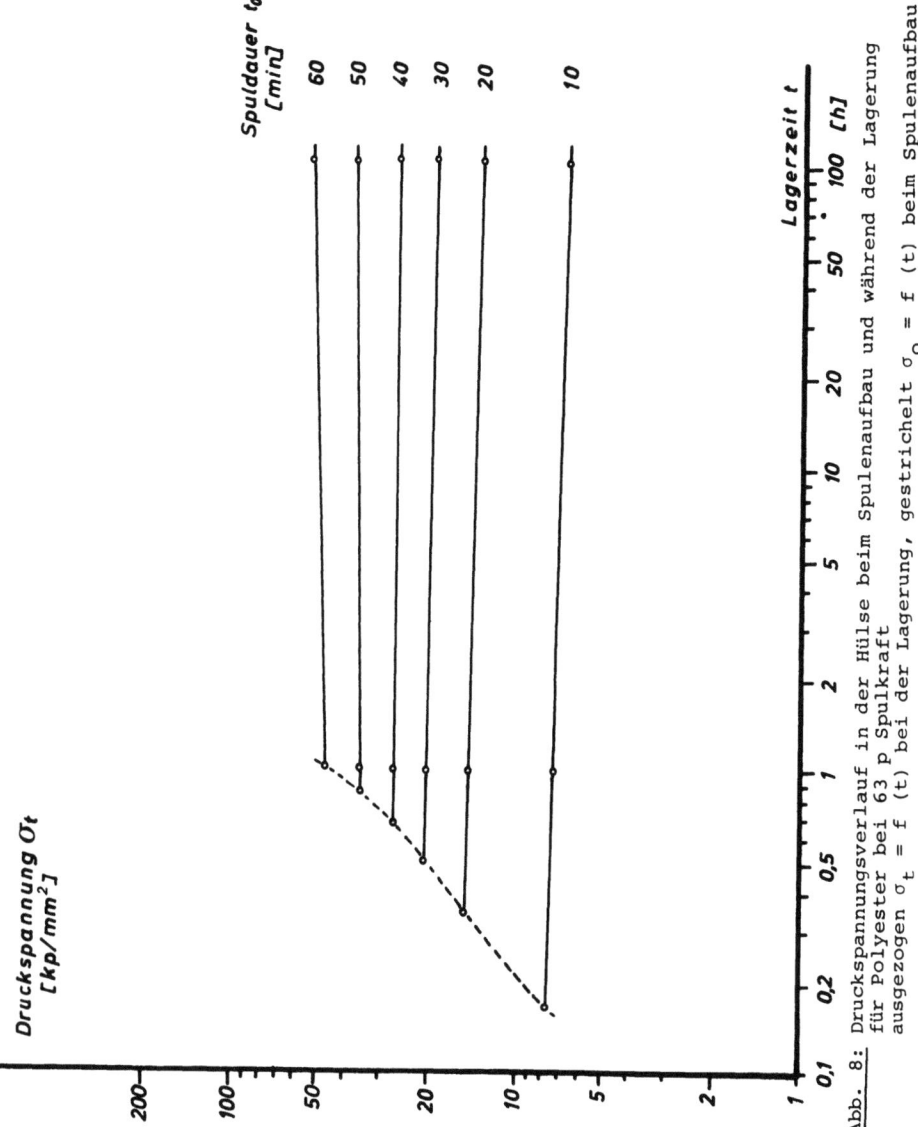

Abb. 8: Druckspannungsverlauf in der Hülse beim Spulenaufbau und während der Lagerung für Polyester bei 63 p Spulkraft ausgezogen $\sigma_t = f(t)$ bei der Lagerung, gestrichelt $\sigma_o = f(t)$ beim Spulenaufbau

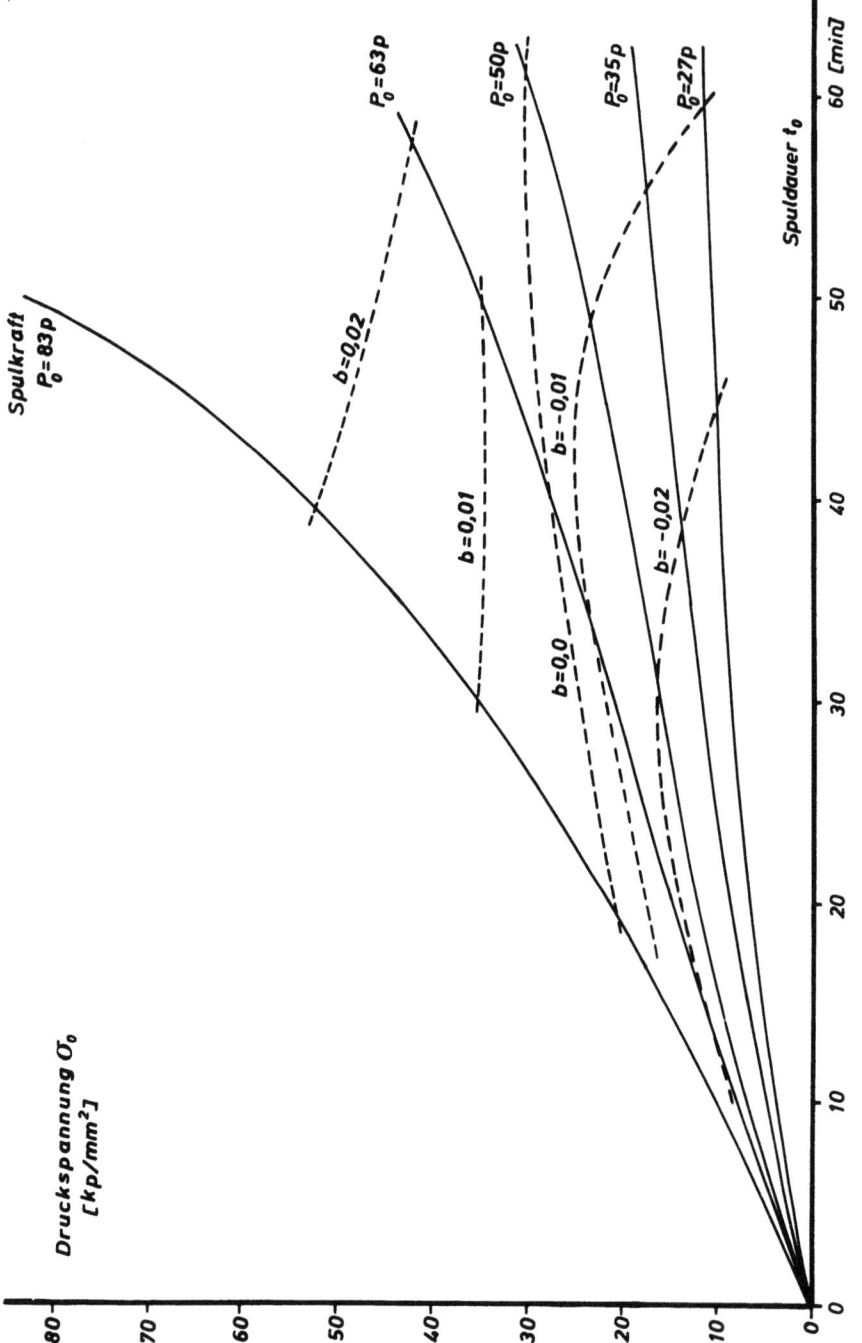

Abb. 9: Druckspannung σ_0 in der Hülse während des Spulenaufbaues und Exponent b für den Verlauf während der Lagerzeit

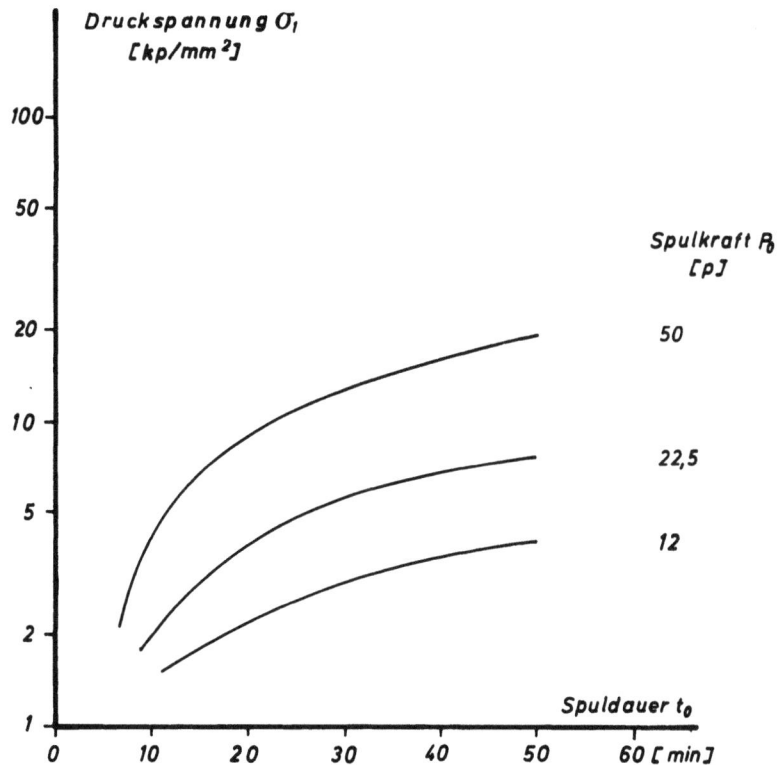

Abb. 10: Druckspannung σ_1 in der mit Polyamid 6 bespulten Hülse zur Zeit t = 1h nach Spulbeginn

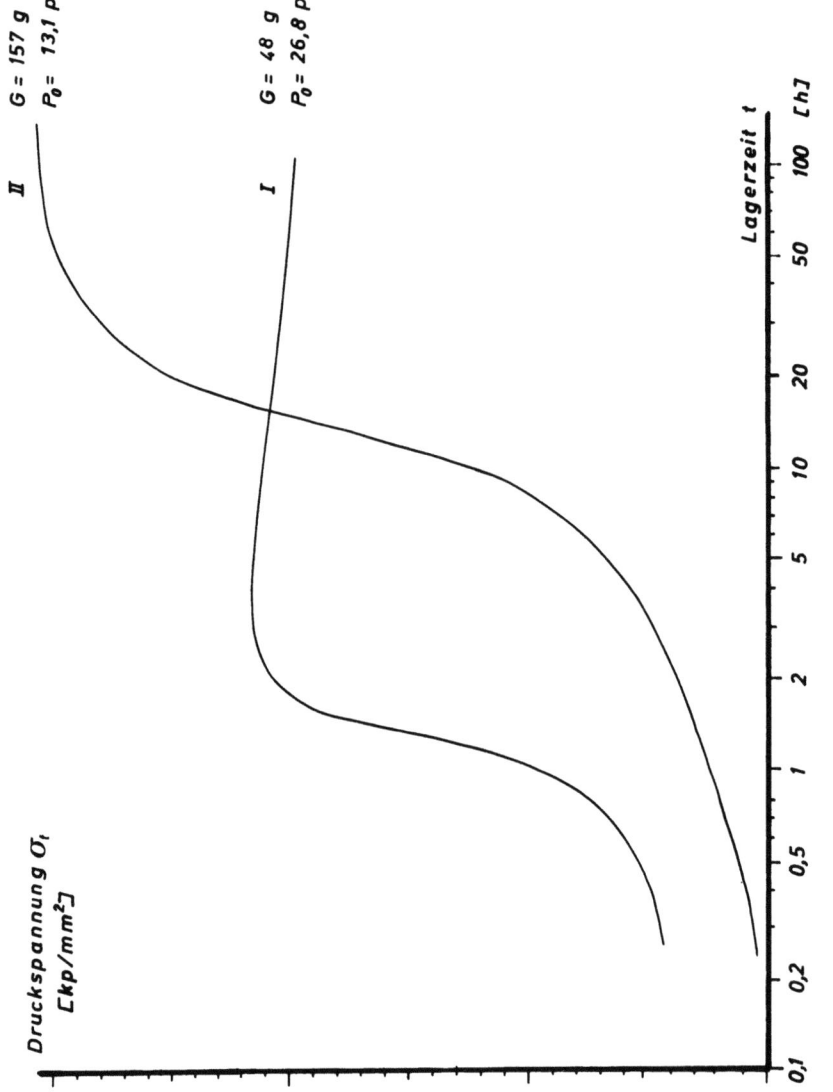

Abb. 11: Druckspannungsänderung $\sigma_t = f(t)$ in Hülsen, die mit dehnungsgeschädigter Wolle bespult waren, unter der Einwirkung von Wasser

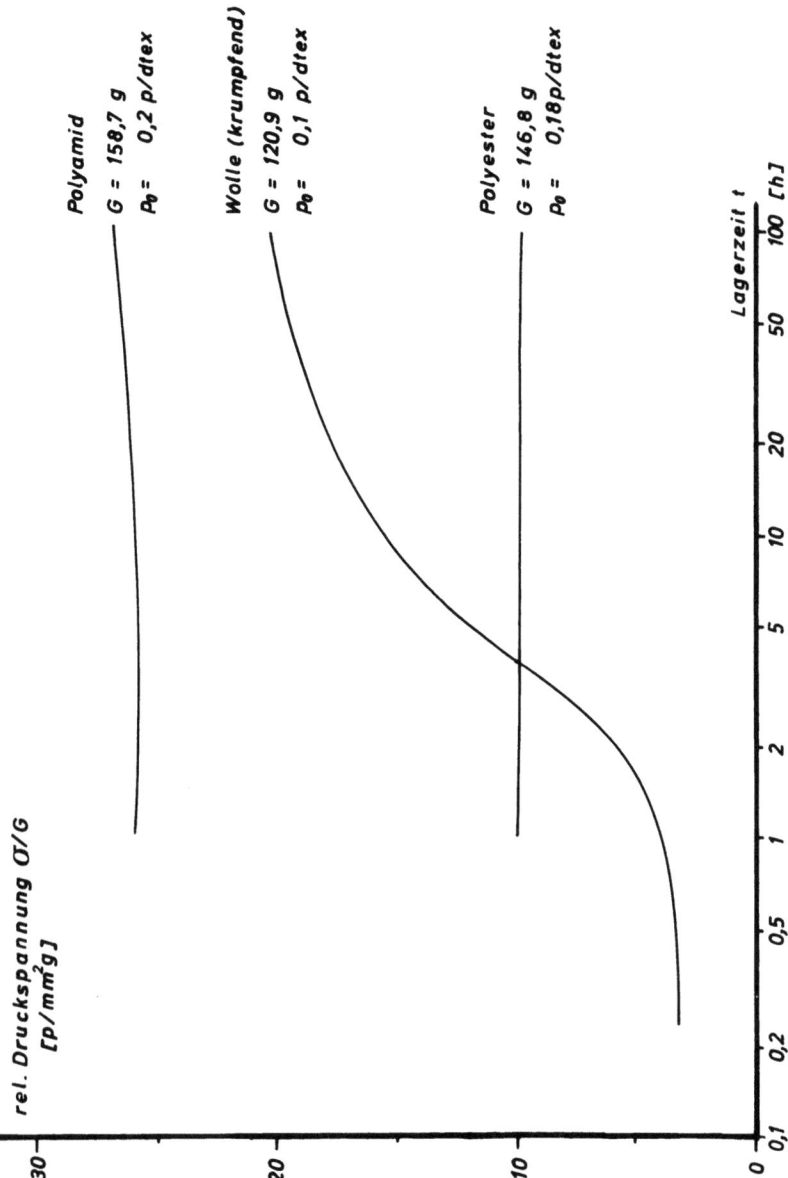

Abb. 12: Vergleich der relativen Druckspannungen in Hülsen
G = Garngewicht auf der fertigen Spule, P_0 = Feinheitsbezogene Spulkraft

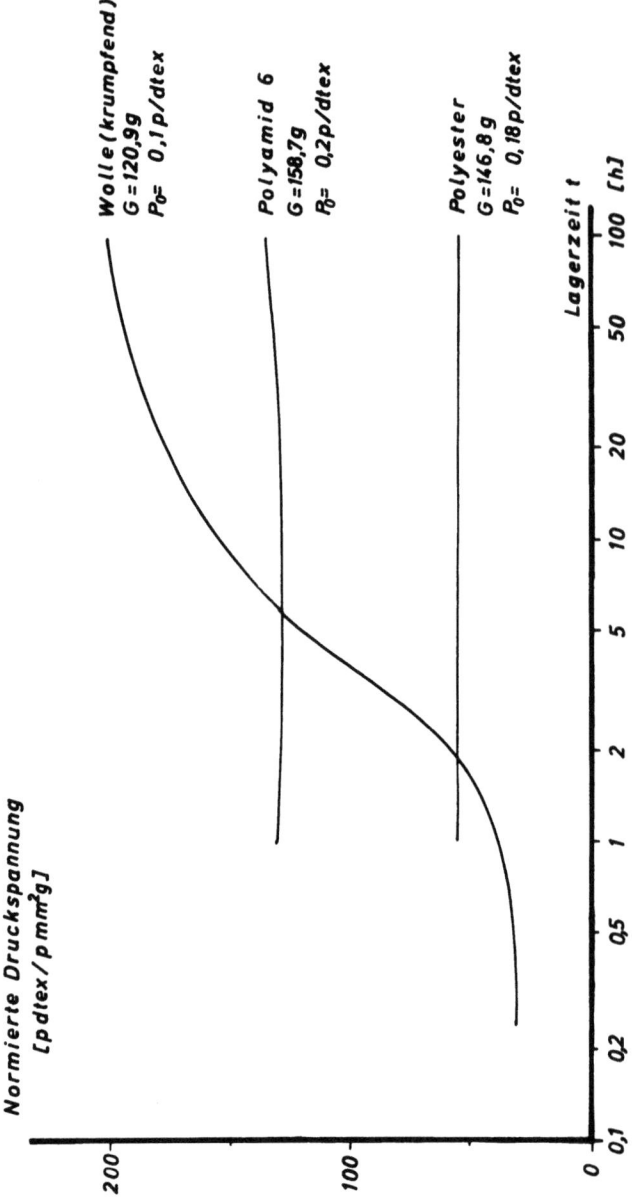

Abb. 13: Auf Hülsenmantelquerschnitt, Garnfeinheit, Garnmenge und Spulspannung normierte Hülsenbelastung
G = Garngewicht auf der fertigen Spule, p_0 = Feinheitsbezogene Spulkraft

Forschungsberichte des Landes Nordrhein-Westfalen

Herausgegeben im Auftrage des Ministerpräsidenten Heinz Kühn
vom Minister für Wissenschaft und Forschung Johannes Rau

Sachgruppenverzeichnis

Acetylen · Schweißtechnik
Acetylene · Welding gracitice
Acétylène · Technique du soudage
Acetileno · Técnica de la soldadura
Ацетилен и техника сварки

Arbeitswissenschaft
Labor science
Science du travail
Trabajo científico
Вопросы трудового процесса

Bau · Steine · Erden
Constructure · Construction material ·
Soilresearch
Construction · Matériaux de construction ·
Recherche souterraine
La construcción · Materiales de construcción ·
Reconocimiento del suelo
Строительство и строительные материалы

Bergbau
Mining
Exploitation des mines
Minería
Горное дело

Biologie
Biology
Biologie
Biologia
Биология

Chemie
Chemistry
Chimie
Quimica
Химия

Druck · Farbe · Papier · Photographie
Printing · Color · Paper · Photography
Imprimerie · Couleur · Papier · Photographie
Artes gráficas · Color · Papel · Fotografia
Типография · Краски · Бумага · Фотография

Eisenverarbeitende Industrie
Metal working industry
Industrie du fer
Industria del hierro
Металлообрабатывающая промышленность

Elektrotechnik · Optik
Electrotechnology · Optics
Electrotechnique · Optique
Electrotécnica · Optica
Электротехника и оптика

Energiewirtschaft
Power economy
Energie
Energia
Энергетическое хозяйство

Fahrzeugbau · Gasmotoren
Vehicle construction · Engines
Construction de véhicules · Moteurs
Construcción de vehículos · Motores
Производство транспортных средств

Fertigung
Fabrication
Fabrication
Fabricación
Производство

Funktechnik · Astronomie
Radio engineering · Astronomy
Radiotechnique · Astronomie
Radiotécnica · Astronomía
Радиотехника и астрономия

Gaswirtschaft
Gas economy
Gaz
Gas
Газовое хозяйство

Holzbearbeitung
Wood working
Travail du bois
Trabajo de la madera
Деревообработка

Hüttenwesen · Werkstoffkunde
Metallurgy · Materials research
Métallurgie · Matériaux
Metalurgia · Materiales
Металлургия и материаловедение

Kunststoffe
Plastics
Plastiques
Plásticos
Пластмассы

Luftfahrt · Flugwissenschaft
Aeronautics · Aviation
Aéronautique · Aviation
Aeronáutica · Aviación
Авиация

Luftreinhaltung
Air-cleaning
Purification de l'air
Purificación del aire
Очищение воздуха

Maschinenbau
Machinery
Construction mécanique
Construcción de máquinas
Машиностроительство

Mathematik
Mathematics
Mathématiques
Matemáticas
Математика

Medizin · Pharmakologie
Medicine · Pharmacology
Médecine · Pharmacologie
Medicina · Farmacologia
Медицина и фармакология

NE-Metalle
Non-ferrous metal
Metal non ferreux
Metal no ferroso
Цветные металлы

Physik
Physics
Physique
Física
Физика

Rationalisierung
Rationalizing
Rationalisation
Racionalización
Рационализации

Schall · Ultraschall
Sound · Ultrasonics
Son · Ultra-son
Sonido · Ultrasónico
Звук и ультразвук

Schiffahrt
Navigation
Navigation
Navegación
Судоходство

Textilforschung
Textile research
Textiles
Textil
Вопросы текстильной промышленности

Turbinen
Turbines
Turbines
Turbinas
Турбины

Verkehr
Traffic
Trafic
Tráfico
Транспорт

Wirtschaftswissenschaften
Political economy
Economie politique
Ciencias economicas
Экономические науки

Einzelverzeichnis der Sachgruppen bitte anfordern

 Springer Fachmedien Wiesbaden GmbH

MIX
Papier aus verantwortungsvollen Quellen
Paper from responsible sources
FSC® C105338

If you have any concerns about our products,
you can contact us on
ProductSafety@springernature.com

In case Publisher is established outside the EU,
the EU authorized representative is:
Springer Nature Customer Service Center GmbH
Europaplatz 3, 69115 Heidelberg, Germany

Printed by Libri Plureos GmbH
in Hamburg, Germany